Inhalt

Konfetti Karlo

- Im Heft findest du Regeln und Tipps, die dir beim Lösen der Aufgaben helfen.
- Lege ein leeres Heft bereit, in dem du die Aufgaben rechnen kannst.
- Aufgepasst: Die Aufgaben mit einer  sind etwas schwieriger.
- Lege die  auf die roten Lösungsfelder, dann werden die richtigen Ergebnisse sichtbar.

So kannst du auch sagen:

addieren	–	zusammenzählen
subtrahieren	–	abziehen
multiplizieren	–	malnehmen
dividieren	–	teilen

Zahlenraum bis 100

1 Die Hühner auf dem Bauernhof haben Futter bekommen. Wie viele Körner liegen insgesamt auf dem Boden? Umkreise jeweils 10 Körner.

Frage: ______________________________

____

Rechnung: ______________________________

Antwort: ______________________________

____

Regel 10 E (Einer) = 1 Z (Zehner)
10 Z (Zehner) = 1 H (Hunderter)

2 Auf dem Hof gibt es auch Küken.
Die Kästchen zeigen dir, wie viele Küken es sind.

Es sind insgesamt ____ Küken.

3 Der Bauer zählt die Eier in den Nestern.
Trage die Zahlen in die Stellenwerttafel ein.
Wie viele Eier sind es insgesamt?

	H	Z	E	Zahl
Montag		1	4	14
Dienstag				16
Mittwoch				12
Donnerstag				18
Freitag				17
Samstag				12
Sonntag				11
insgesamt				___

4 Jede Form steht für eine Zahl.
Male die Aufgaben wie im Beispiel auf.

■ = 100 ▮ = 10 ● = 1

125 = 100 + 20 + 5 = ■ ▮▮ ●●●●●

152 = 100 + 50 + 2 = ____________

134 = 100 + 30 + 4 = ____________

5 Schreibe die Formen als Zahl auf.

▮▮▮▮▮▮ ●●● = 63

■ ▮▮▮ ●●● = ____ [redacted]

■ ▮▮▮▮ ●●●●● = ____ [redacted]

▮▮▮▮▮▮▮▮ ●●●●● = ____ [redacted]

■ ▮▮ ●●●●●●● = ____ [redacted]

■ ▮▮ ●●●●● = ____ [redacted]

Vergleichen und ordnen

1 Ines, Max und Paul spielen Sackhüpfen im Garten.
Trage die fehlenden Zahlen für die Sprünge ein.

Ines ist die Schnellste:

10	20	30	40			
		100				

Paul hüpft wie ein Känguru:

5	10	15						45

Max ist sehr langsam:

2	4	6						18

2 Max baut Türme aus Kieselsteinen.
Welcher Turm ist größer? Trage < oder > ein.

10 _<_ 30	80 ___ 90
70 ___ 40	40 ___ 10
20 ___ 50	50 ___ 20

3 a) Ines stellt den Jungen ein Rätsel. Sie legt aus Steinen ein Muster. Zuerst müssen die Steine nummeriert werden. Hilfst du den Kindern?

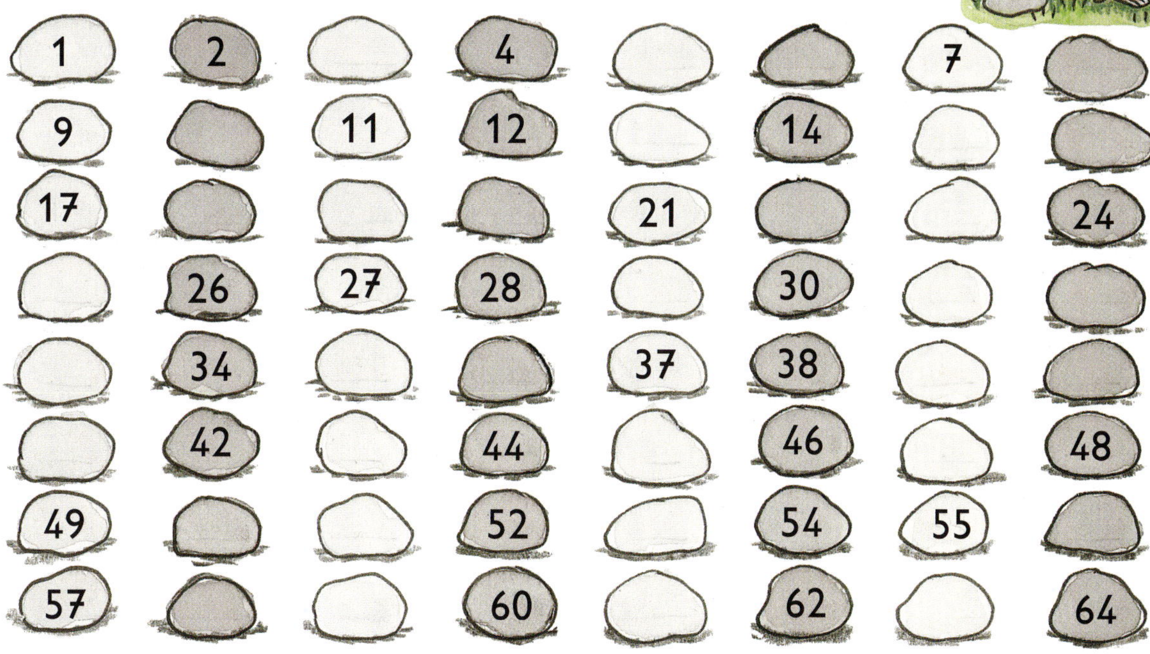

b) So geht das Rätsel weiter:

- ☐ Streiche alle Zahlen, die größer als 45, aber kleiner als 54 sind.
- ☐ Streiche alle geraden Zahlen zwischen 9 und 33.
- ☐ Streiche alle ungeraden Zahlen zwischen 26 und 58.
- ☐ Streiche alle Zahlen, die eine 1 oder 3 enthalten.

- ☐ Streiche alle Zahlen zwischen 41 und 63.
- ☐ Streiche die größte Zahl.
- ☐ Streiche den Vorgänger und Nachfolger von 5.
- ☐ Streiche alle Zahlen, die keinen Zehner haben.
- ☐ Streiche die ungerade Zahl, die noch übrig ist.

Die Lösungszahl heißt ____.

4 Schau dir das Muster aus Steinen noch einmal an. Welche Zahlen stehen immer auf den hellen Steinen, welche immer auf den dunklen Steinen?

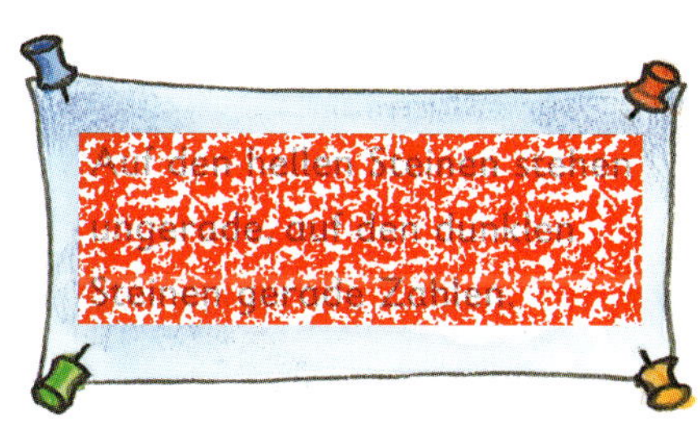

Addieren bis 100

1 Pia will aus Eicheln und Kastanien Ketten basteln. Aus wie vielen Früchten bestehen die Ketten?

3 Kastanien + 13 Eicheln = 13 + 3 = 16 Früchte

4 Kastanien + 11 Eicheln = ________ Früchte

8 Kastanien + 3 Eicheln = ________ Früchte

4 Kastanien + 12 Eicheln = ________ Früchte

Tipp Manchmal fällt dir das Rechnen leichter, wenn du die Tauschaufgabe rechnest.

Rechne so: 5 + 12 =

12 + 5 = 17

2 Konfetti jagt das Kaninchen mit dem höchsten Ergebnis. Welches ist es? Rechne die Aufgaben.

3 Wie viele Eicheln fehlen in jeder Futterhöhle?
Rechne die Aufgaben.

15	10	18	17
10 + 2 + 3	3 + ___ + 2	11 + 4 + ___	12 + ___ + 3

4 Karlo sammelt bunte Blätter.
Rechne die Aufgaben auf den Blättern.

30 + 70 = 100

45 + 50 = ___

37 + 40 = ___

45 + 35 = ___

89 + 10 = ___

40 + 50 = ___

18 + 52 = ___

21 + 20 = ___

26 + 73 = ___

5 Von welchem Baum hat Karlo die meisten Blätter? Rechne aus.

Buchenblätter:	21	+	20	+	50	=	___
Kastanienblätter:	63	+	17	+	20	=	___
Eichenblätter:	28	+	10	+	40	=	___

Rechenvorteile nutzen

1 Jonas übt den Aufschlag. Wie viele Bälle gehen dabei ins Netz? Ergänze die fehlenden Zahlen. Der Tipp hilft dir beim Rechnen.

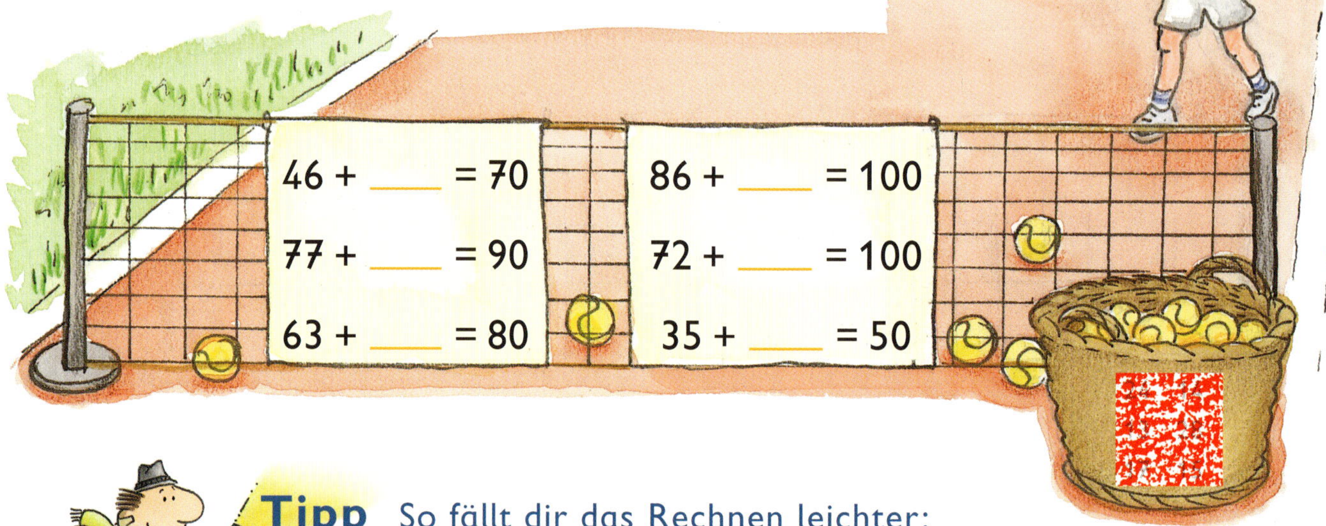

46 + ____ = 70
77 + ____ = 90
63 + ____ = 80

86 + ____ = 100
72 + ____ = 100
35 + ____ = 50

Tipp So fällt dir das Rechnen leichter:
Ergänze zuerst auf volle Zehner
und zähle dann den Rest dazu.

Beispiel: 43 —(+ 19)→ 62
43 —(+ 7)→ 50 —(+ 12)→ 62

2 Jonas möchte den Schläger benutzen, auf dem die größte Zahl fehlt. Welcher ist das? Kreuze an.

☐  44 + ____ = 60

☐  78 + ____ = 90

☐  63 + ____ = 80

☐  57 + ____ = 70

3 Der Gewinner jedes Spiels bekommt Punkte.
Wer gewinnt? Jonas oder sein Freund Peter?

					Punkte gesamt
a) Jonas:	60	+	30	=	____
b) Peter:	40	+	20	=	____

Tipp Lasse beim Rechnen zuerst die Nullen weg und hänge sie am Ergebnis wieder an.

Beispiel: 30 + 20 = 50
3 + 2 = 5 ↓
30 + 20 = 50 0 wieder anhängen

4 Konfetti entdeckt im Gebüsch ein kleines Tier.
Welches? Rechne die Aufgaben und male das Feld mit dem passenden Ergebnis bunt an.

15 + ____ = 50
37 + ____ = 55
46 + ____ = 86
42 + ____ = 75
38 + ____ = 54
29 + ____ = 81
44 + ____ = 65
30 + ____ = 49
26 + ____ = 40

[redacted]

Subtrahieren

1 Paula und Lea springen mit dem Seil um die Wette.
Paula schafft 16 Sprünge, Lea erreicht 4 weniger.
Rechne aus, wie viele Sprünge Lea schafft.

Frage: ____________________

____

Rechnung: ____________________

Antwort: ____________________

2 Melanie zählt nicht richtig. Wie viele Sprünge schaffen Paula und Lea wirklich? Rechne aus.

18 Sprünge – 7 = ____ Sprünge
8 Sprünge – 6 = ____ Sprünge
15 Sprünge – 5 = ____ Sprünge
37 Sprünge – 4 = ____ Sprünge
17 Sprünge – 3 = ____ Sprünge
28 Sprünge – 9 = ____ Sprünge

Tipp Wenn du eine Aufgabe nicht lösen kannst, kannst du Knöpfe oder Zahnstocher zu Hilfe nehmen.
Beispiel: 22 – 13 = ?
Lege 22 Knöpfe auf den Tisch
und nimm davon 13 Knöpfe weg.
Zähle die Knöpfe, die dann noch auf dem Tisch liegen.
Diese Zahl ist das Ergebnis.

3 Folge dem Seil und trage in jeden Griff das richtige Ergebnis ein.

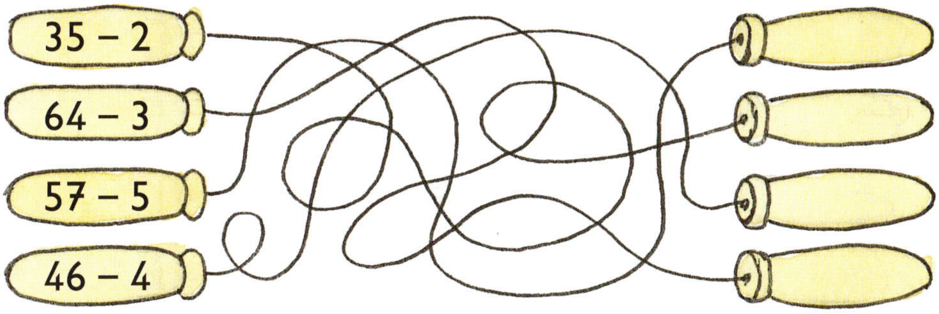

4 Paula und Lea machen eine Pause.
Hilfst du den beiden, die Aufgaben zu rechnen?

–	2	5	6	8	7	3	4
48							
38							
18							
8							

5 Lea hat Bonbons dabei. Paula bekommt die Bonbons mit Ergebnissen unter 50, Lea die mit Zahlen über 50.
Wer bekommt mehr?

80 – 60 = ____

80 – 40 = ____

100 – 40 = ____

90 – 20 = ____

70 – 60 = ____

90 – 50 = ____

Subtrahieren mit Zehnerübergang

1 Steffis Vater ist Bäcker und hat 35 Brote gebacken.
Auf dem Markt verkauft er früh am Morgen 8 Brote.
Wie viele Brote hat er jetzt noch? Beachte den Tipp.

Rechnung: ____________________

Antwort: ____________________

Tipp Rechne zuerst bis zum nächsten Zehner und subtrahiere dann den Rest.

Beispiel: 24 —(− 7)→ 17

24 —(− 4)→ 20 —(− 3)→ 17

2 Steffi hilft ihrem Vater im Laden.
Sie holt immer wieder Brezeln aus dem Ofen.

27 – 11 = ____

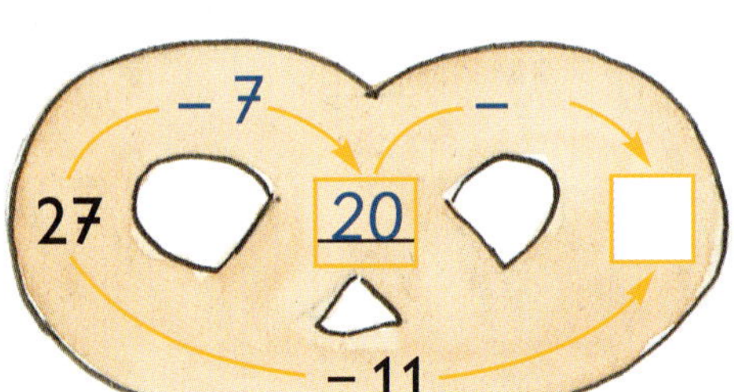

25 – 16 = ____

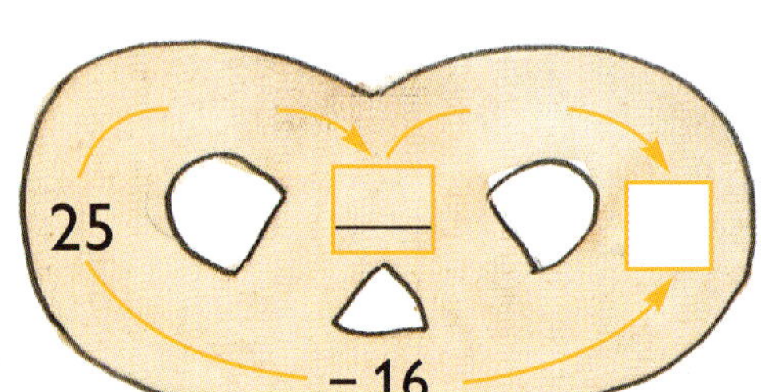

3 Steffi verkauft viele Kekse. Welche Zahlen musst du abziehen, damit das Ergebnis in der Mitte stimmt? Trage die fehlenden Zahlen auf den Keksen ein.

4 Rechne und setze < oder > zwischen die Taschen.
In welcher Tasche ist am meisten? Kreise sie ein.

36 – 17 ☐ 56 – 24 ☐ 23 – 18 ☐ 44 – 26

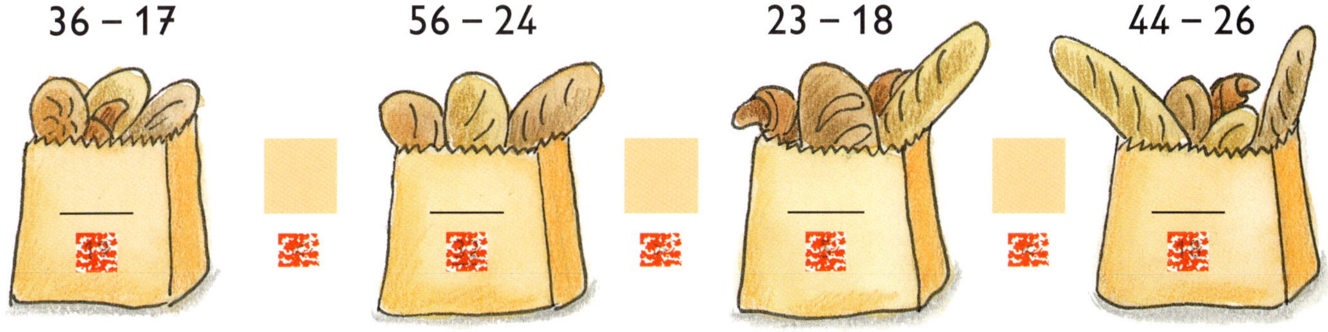

5 Karlo geht zum Bäcker, weil es dort so lecker duftet.
Finde heraus, welche Leckerei er sich kauft.

☐  89 – 27 → 62 – 13 → ☐ – 11 → ☐

☐  96 – 36 → ☐ – 15 → ☐ – 26 → ☐

☐  74 – 38 → ☐ – 17 → ☐ – 6 → ☐

Rechenrätsel

1 Kannst du Karlos Rätsel lösen?
Rechne die Aufgaben aus. Schreibe dann die passenden Buchstaben auf die Steine.

33 − 7 = 26
30 − 5 = ___
21 − 2 = ___
45 − 7 = ___
26 − 19 = ___
55 − 9 = ___

45 − 20 = ___
76 − 8 = ___
50 − 13 = ___
27 − 8 = ___
66 − 14 = ___
58 − 38 = ___

19	12	49	37	46	7	26	25	20	29	40	68	38	52	95	78
R	C	D	F	H	O	K	A	I	N	S	T	L	E	U	M

K _ _ _ _   _ _ _   _ _ _ _.

2 Beim Wandern rechnen Karlo und Konfetti.
Hilfst du ihnen dabei? Löse die Aufgaben.

a) 34 − ___ = 26
31 − ___ = 25
72 − ___ = 53

b) 68 − ___ = 20
52 − ___ = 7
48 − ___ = 9

c) 59 − ___ = 40
100 − ___ = 68
94 − ___ = 78

3 Welches Tier entdeckt Konfetti noch am Wegesrand? Rechne aus und verbinde die Ergebnisse der Reihe nach.

35 – 33 = ____	[redacted]	19 – 7 = ____	[redacted]
56 – 43 = ____		26 – 3 = ____	
68 – 44 = ____		64 – 60 = ____	
97 – 26 = ____		20 – 19 = ____	
36 – 33 = ____		77 – 71 = ____	
40 – 35 = ____		60 – 53 = ____	

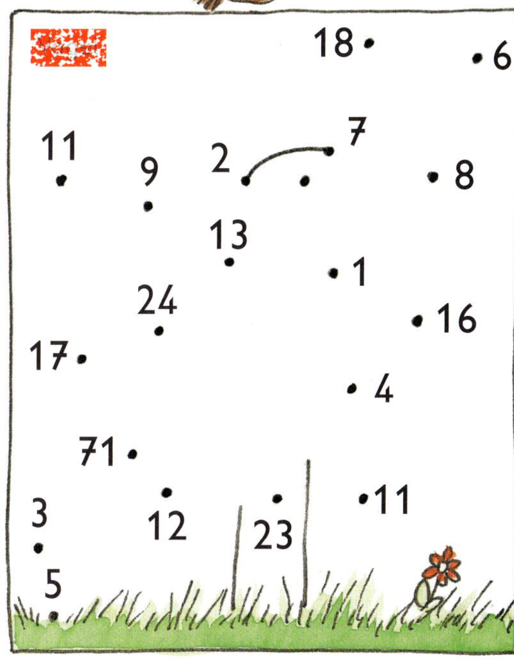

4 Rechne die Aufgaben in den Bäumen.

5 In jedem Strohballen steckt ein Fehler. Streiche die falschen Ergebnisse durch.

Einmaleins mit 2 und 4

1 Laura und ihre Mutter sind auf dem Markt. Mutter kauft jede Woche 1 Melone, 2 Gurken, 3 Paprika, 4 Tomaten und 5 Eier. Heute kommt Besuch, deshalb kauft sie das Doppelte. Ergänze den Einkaufszettel.

	verdoppeln	Ergebnis
1 Melone	1 + 1	2 Melonen
2 Gurken	____	____ Gurken
3 Paprika	____	____ Paprika
4 Tomaten	____	____ Tomaten
5 Eier	____	____ Eier

2 Laura und ihre Mutter kaufen auch doppelt so viele Orangen wie sonst. Rechne die Aufgaben.

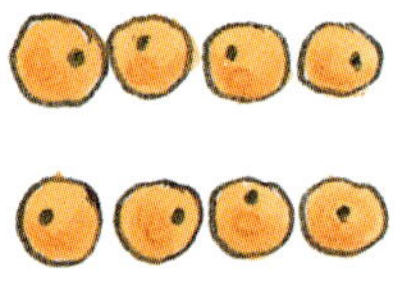

$4 + 4 = 8$

$2 \cdot 4 = 8$

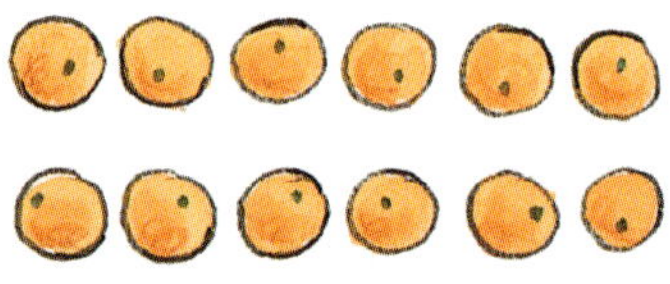

$6 + 6 =$ ____

$2 \cdot 6 =$ ____

$2 + 2 =$ ____

$2 \cdot 2 =$ ____

$7 + 7 =$ ____

$2 \cdot 7 =$ ____

Regel Zu jeder Plus-Aufgabe gehört eine Mal-Aufgabe.

Beispiel: $2 + 2 + 2 + 2 = 8$

oder $4 \cdot 2 = 8$

3 Trage jeweils das fehlende Ergebnis in die Gemüsekisten ein.

4 Letzte Woche hat Karlo 6 Äpfel eingekauft.
Heute kauft er das Doppelte.
Rechne aus, wie viele Äpfel es sind.

Frage: ______________________

Rechnung: ______________________

Antwort: ______________________

5 Trage auch hier die Ergebnisse ein.

Einmaleins mit 5 und 10

1 a) Im Zoo werden die Seehunde gefüttert.
Jeder Seehund bekommt 10 Fische.
Umkreise immer 10. Reichen die Fische?

b) In jedem Eimer sind 10 Fische. Wie viele Fische werden jeweils an die Tiere verfüttert?

5 · 10 = 50 Fische

______ = ____ Fische

______ = ____ Fische

2 Im alten Aquarium schwimmen 5 Fische.
Im neuen haben doppelt so viele Platz.
Rechne aus, wie viele Fische das sind.

Frage: ______________________________

Rechnung: ______________________________

Antwort: ______________________________

3 Immer zwei Schildkröten gehören zusammen. Rechne im Kopf und verbinde.

4 Die Kängurus springen in 10er-Schritten durch ihr Gehege. Ergänze richtig.

10 ___ 30 ___

50 ___ ___ ___

5 Die Affen werden mit Bananen gefüttert. Welche Bananen gehören nicht in den Eimer? Streiche sie durch.

Einmaleins mit 3, 6 und 9

1 Philipp spielt mit seinen Freunden im Garten. Kreise ein: Zahlen der 3er-Reihe mit Rot, Zahlen der 6er-Reihe mit Blau und Zahlen der 9er-Reihe mit Grün. Was fällt dir auf?

Tipp In der 3er-Reihe, 6er-Reihe und 9er-Reihe des kleinen Einmaleins findest du oft die gleichen Zahlen.

3	6	9	12	15	18	21	24	27	30
–	6	–	12	–	18	–	24	–	30
–	–	9	–	–	18	–	–	27	–

2 Konfetti sammelt nur die Bälle mit einem Ergebnis über 40 auf. Welche sind das? Male sie an.

3 Die Kinder lassen Murmeln in ein Loch kullern.
Die Zahlen aus der 6er-Reihe zeigen dir den Weg.
Spure die richtigen Verbindungslinien nach.

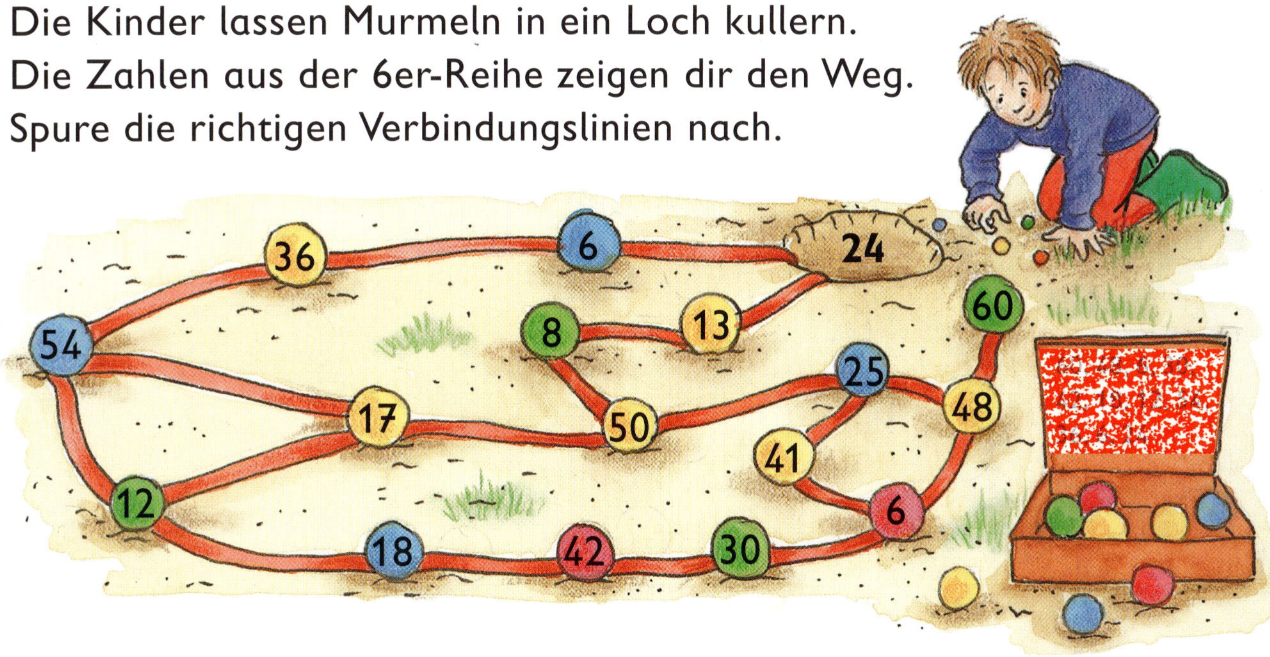

4 Die Kinder spielen mehrere Runden. Wer hat am Ende die meisten Murmeln ins Loch getroffen?

	1. Runde	+	2. Runde	zusammen sind das	=
Philipp	4 • 3	+	6 • 3	12 + 18	30
Lars	2 • 3	+	5 • 3	______	___
Maria	5 • 6	+	4 • 6	______	___

5 Wie alt ist Philipps Schildkröte? Streiche die Zahlen der 3er-, 6er- und 9er-Reihe durch.

30	12	40	9	36	23	60	18
72	73	6	9	91	90	42	16
2	29	21	19	45	82	54	25

Einmaleins mit 7 und 8

1 Karlo hat in genau 10 Wochen Geburtstag.
Er möchte wissen, wie viele Tage das noch sind.
Zeichne die 7er-Schritte in den Zahlenstrahl ein.

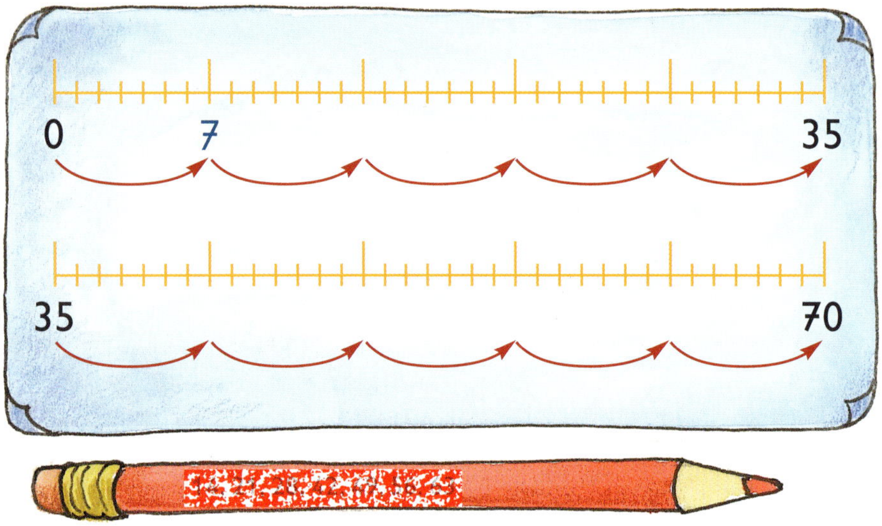

2 Konfetti ist 5 Jahre alt. Karlo wird 8-mal so alt.
Rechne aus, wie alt Karlo demnächst ist.

Frage: ______________________________

Rechnung: ______________________________

Antwort: ______________________________

3 Kannst du die Aufgaben auf den Schleifen ausrechnen? Schreibe die Ergebnisse jeweils auf das Geschenk.

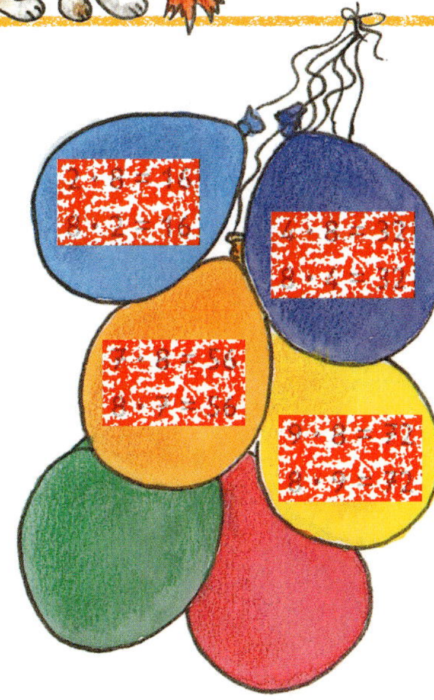

4 a) Rechne die Aufgaben der 8er-Reihe.

☐	2 • 8 = ____	☐	8 • 2 = ____
☐	4 • 8 = ____	☐	8 • 4 = ____
☐	7 • 8 = ____	☐	8 • 7 = ____
☐	9 • 8 = ____	☐	8 • 9 = ____

b) Vergleiche in jeder Zeile: Welche Aufgabe war leichter für dich zu rechnen? Kreuze an.

5 Male die Ergebnisse bunt an. Was entdeckst du?

r:  g:  gr:  b: 

b: 2 • 7 = ____

g: 7 • 8 = ____

b: 5 • 7 = ____

r: 2 • 8 = ____

gr: 9 • 7 = ____

b: 8 • 8 = ____

gr: 4 • 7 = ____

r: 5 • 8 = ____

r: 3 • 7 = ____

gr: 6 • 8 = ____

gr: 7 • 7 = ____

gr: 9 • 8 = ____

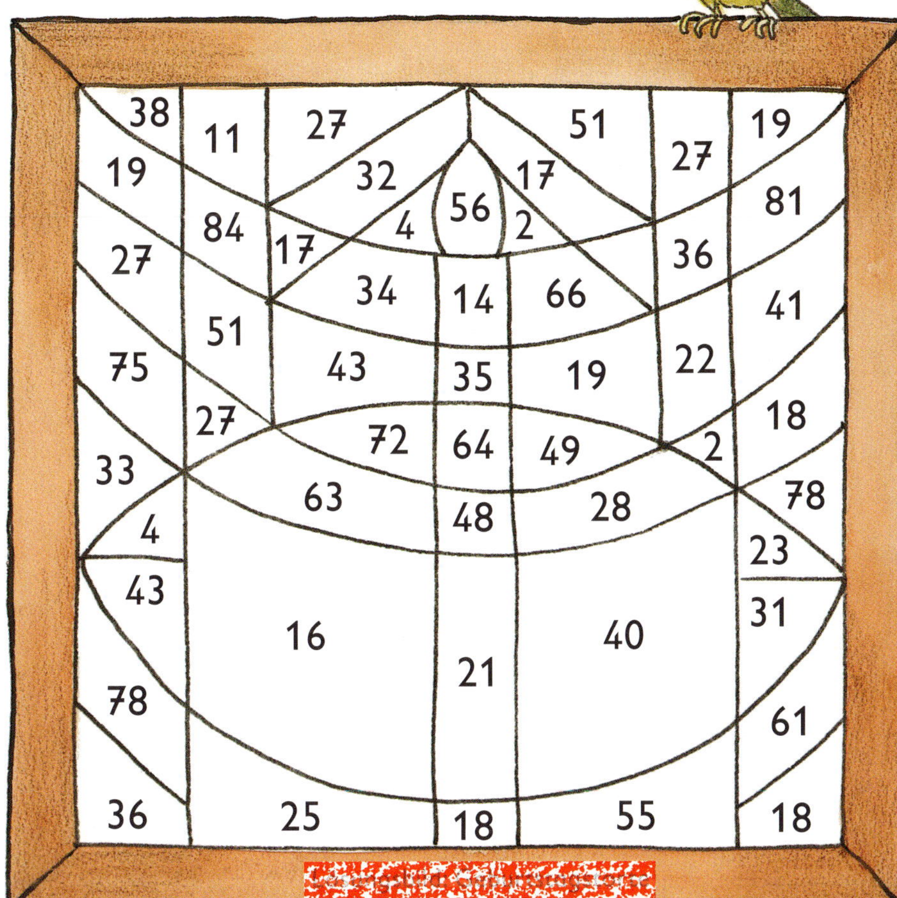

Halbieren und aufteilen

1 Ruth und Lars grillen Würstchen.
Zähle die Würstchen und verteile sie.
Jeder bekommt die Hälfte.

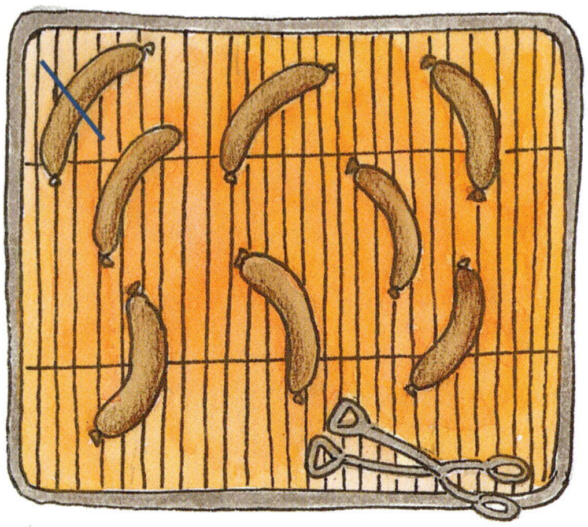

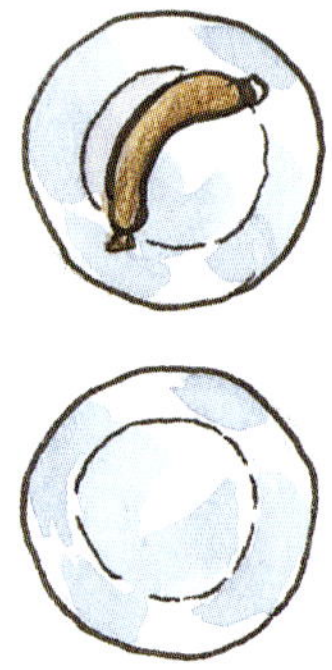

8 : 2 = ____

[redacted]

2 a) Die Kinder grillen auch andere leckere Sachen.
Jeder bekommt die Hälfte davon.
Umkreise Ruths Anteil mit Rot und Lars' Anteil mit Blau.

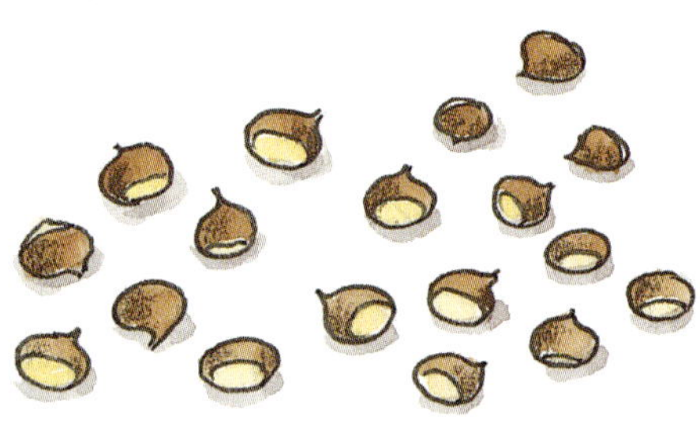

18 : 2 = ____ [redacted]

6 : 2 = ____ [redacted]

b) Fülle die Tabelle weiter aus.

gesamt	8	2	6	4	10	16	20	18	26	14
Ruth	4									
Lars	4									

[redacted]

3 Ruth macht mit ihren Freundinnen ein Picknick.
Die Mädchen teilen alles gerecht untereinander auf.
Wie viel bekommt jeder? Umkreise die Anzahl farbig.

9 : 3 = ____

____ : 3 = ____

____ : 3 = ____

____ : 6 = ____

Regel Halbieren heißt:
Teile die angegebene Menge durch 2.
Verteilen heißt: Teile die angegebene Menge
durch die Anzahl der Personen.

Karlo grillt mit 3 Freunden. Er legt 12 Äpfel in die Glut.
Rechne aus, wie viele Bratäpfel jeder bekommt.

Frage: ______________________________

Rechnung: ______________________________

Antwort: ______________________________

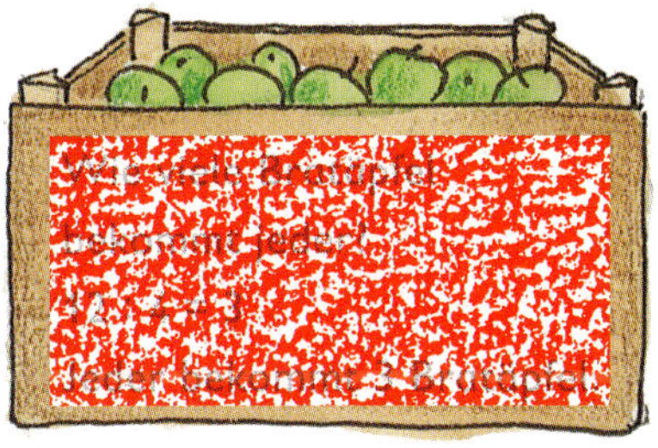

Umkehraufgaben

1 Jeden Donnerstag ist Basketball-Training.
Die Kinder teilen sich dabei in Gruppen auf.
Wie viele Gruppen gibt es, wenn sich immer
5 oder 8 Kinder in einer Gruppe zusammentun?

Tipp Zu jeder Geteilt-Aufgabe gibt es eine Umkehraufgabe. Wenn du sie bildest, kannst du dein Ergebnis überprüfen.

12 : 4 = 3, denn 3 · 4 = 12

12 —(: 4)→ 3
3 —(· 4)→ 12

2 Ergänze die fehlenden Ergebnisse.

a) 25 —(: 5)→ 5 ; 5 —(· 5)→ 25

b) 24 —(: 4)→ ___ ; ___ —(· 4)→ 24

c) 49 —(: 7)→ ___ ; ___ —(· 7)→ 49

d) 80 —(: 10)→ ___ ; ___ —(· 10)→ 80

3 Was findet Konfetti in der Turnhalle? Rechne aus.
Male nun die Felder mit den Lösungszahlen an.

[redacted]

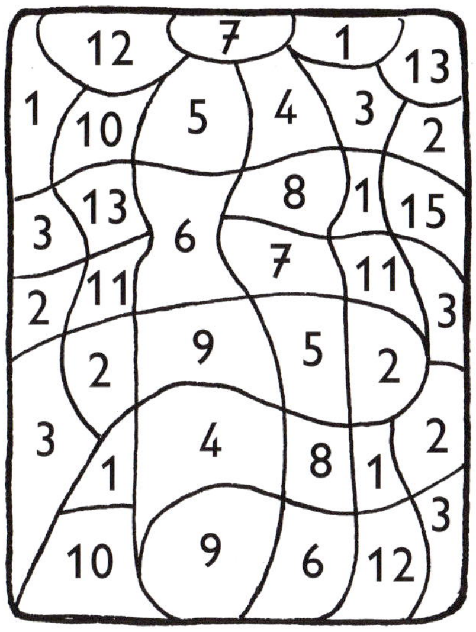

10 : 2 = ____, denn ____ • 2 = 10

12 : 3 = ____, denn ____ • 3 = 12

36 : 4 = ____, denn ____ • 4 = 36

30 : 5 = ____, denn ____ • 5 = 30

48 : 6 = ____, denn ____ • 6 = 48

63 : 9 = ____, denn ____ • 9 = 63

[redacted]

4 Daniel sammelt nach dem Training die Bälle ein.
Welche zwei Bälle gehören jeweils zusammen?
Verbinde die passenden Aufgaben miteinander.

5 Schreibe • oder : auf die leeren Hütchen.

Division

1 Anne und Simon sind heute im Hallenbad.
An welcher Rutsche stellen sich mehr Kinder an?
Trage < oder > ein. Rechne zuerst die Teilaufgabe
und überlege dann das Zeichen.

14 : 7 =	2	< 5	21 : 3 =	☐	___ 9
50 : 5 =	☐	___ 8	56 : 7 =	☐	___ 5
36 : 6 =	☐	___ 3	32 : 8 =	☐	___ 11
20 : 5 =	☐	___ 5	81 : 9 =	☐	___ 16
63 : 7 =	☐	___ 13	24 : 6 =	☐	___ 7

2 Simon und Anne tauchen nach 24 Ringen.
Jeder von ihnen holt die Hälfte über Wasser.
Rechne aus, wie viele Ringe jeder holt.

Frage: ______________________________

Rechnung: ______________________________

Antwort: ______________________________

3 Auf Simons Badeschlange fehlen Zahlen. Trage sie ein.

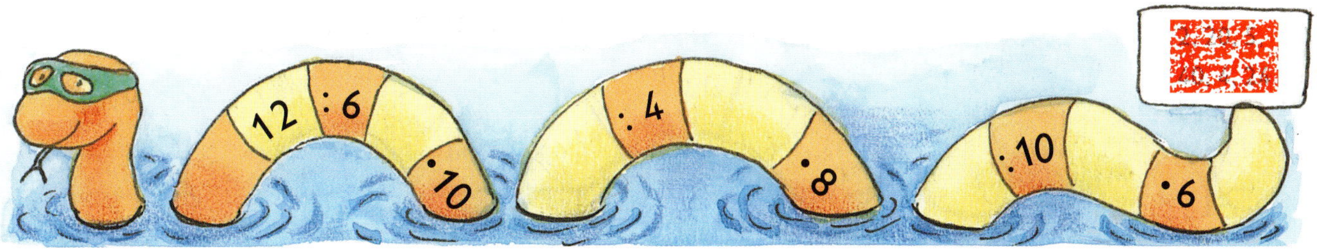

4 Der Weg nach Hause führt über die Häuser mit dem Ergebnis 6. Male sie rot an und zeichne den Weg ein.

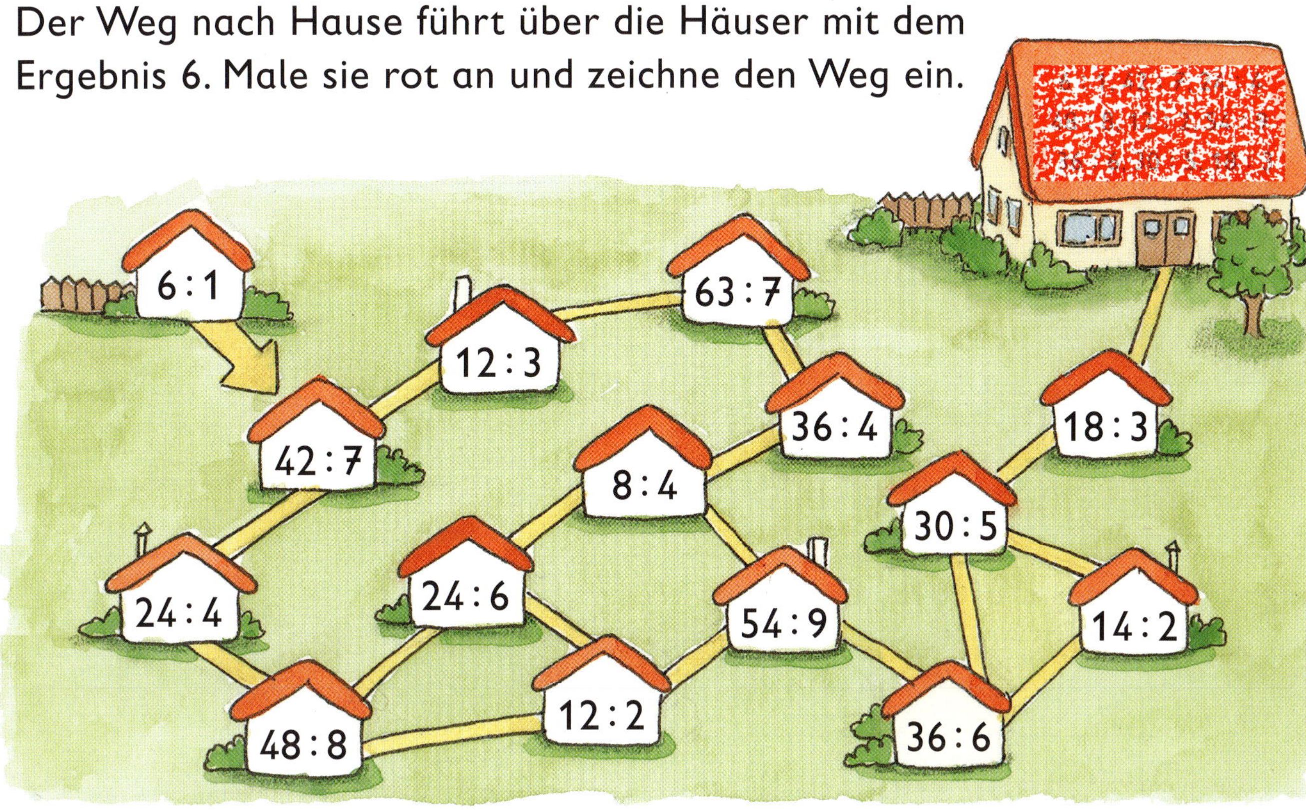

5 Trage die fehlenden Zahlen in die Schwimmreifen ein.

Wiederholung

1 Hilf Karlo bei der Einmaleins-Tabelle.
Trage die fehlenden Ergebnisse ein.

·	1	2	3	4	5	6	7	8	9	10
5		10								
2				8						
3					15					
4								32		

2 Auf den Rechenbäumen fehlen die Ergebnisse.
Trägst du sie ein?

3 Ergänze die Reihen.

a) 8 16 ___ ___ ___ ___

b) 6 ___ 18 ___ ___ ___

Tipp Wenn du eine Aufgabe nicht lösen kannst, schau noch einmal vorne nach.

4 Trage die fehlenden Zahlen ein.

8 · 9 = ___	8 · 8 = ___
8 · 10 = ___	8 · 7 = ___
3 · 8 = ___	6 · 8 = ___
5 · 8 = ___	4 · 8 = ___

5 In einem Bus sitzen 48 Personen.
An der nächsten Haltestelle steigen
8 Personen aus und 5 Fahrgäste ein.
Wie viele Leute befinden sich jetzt im Bus?

Frage: ______________________________

____

Rechnung: ______________________________

____

Antwort: ______________________________

6 In den Häusern fehlen Zahlen. Trage sie ein.

75	63	86
50 + 13 + 12	10 + 50 + ___	70 + 9 + ___
40 + 15 + ___	15 + 30 + ___	___ + 50 + 22
60 + 8 + ___	30 + 10 + ___	___ + 10 + 60

Knack den Code

Auf jeder Doppelseite findest du eine kleine braune Lupe. Darin steht jeweils eine Zahl.

- Schreibe die Zahlen nacheinander auf die Linien.
- Ersetze sie dann durch die Buchstaben, die auf dem Zettel versteckt sind: zum Beispiel 15 durch den Buchstaben R.
- Trage jeweils den passenden Buchstaben unter der Zahl ein. Wie heißt der Lösungssatz?

CODE

3 =	9 =
18 =	1 =
20 =	15 =
13 =	4 =
5 =	16 =

____ ___,

______ __!

Code geknackt:

Fingerabdruck

Datum

Mein Detektivname

Unterschrift